...THÈQUE L. CURMER.

...NEMENT UNIVERSEL

LEÇONS ÉLÉMENTAIRES

DE

SCIENCES NATURELLES

APPLIQUÉES A

L'HYGIÈNE,

PAR

M. Emm. LE MAOUT,

Docteur en Médecine,

Cours autorisé par M. le MINISTRE DE L'INSTRUCTION PUBLIQUE

10 centimes.

PARIS.

L. CURMER,

... de Richelieu, 47, AU PREMIER.

1850

(3ᵐ leçon.)

Les Cours de M. **LE MAOUT** font partie des Lectures publiques du soir, instituées par le Ministre de l'instruction publique, et sont professés tous les Vendredis, à 8 heures précises du soir, au *Palais National, galerie de Nemours.*

L'entrée est publique et gratuite.

OUVRAGES ADOPTÉS PAR L'ASSOCIATION

POUR L'INSTRUCTION POPULAIRE.

18 — **Histoire de Marcillot,** par M. Clément D'ELBHE...................... 10 c.

19 — **Philippe le Batelier,** par le même. 10

2 — **Première lettre à mon ami Jacques.— Des Riches,** par M. Maurice BLOCK...................... 10

20-21 — **Deuxième lettre à mon ami Jacques.—De l'Impôt,** par le même. 20

22-23 — **Troisième lettre à mon ami Jacques.—Le Budget,** par le même. 20

3-4 — **Manuel du Juré,** par M. BAROCHE, représentant du peuple........... 20

13-15 }
16-16 } **Instruction civique des Français,** par M. AMYOT, avocat à la Cour d'appel de Paris............ 40

24-25 — **Principes de Dessin linéaire et de Géométrie pratique,** par M. JACQUE, directeur de l'école élémentaire de Châlon-sur-Saône..... 20

26-27-28 — **Éléments d'Histoire universelle,** par M. A. MACÉ, professeur d'histoire à la Faculté des lettres de Grenoble..................... 30

31-32 — **Bienfaits de l'Épargne,** par madame RUCK...................... 20

29-30 — **Devoir et Bonheur,** par M. RUCK, inspecteur de l'instruction primaire 20

BIBLIOTHÈQUE L. CURMER.

ENSEIGNEMENT UNIVERSEL

LEÇONS ÉLÉMENTAIRES

DE

SCIENCES NATURELLES

APPLIQUÉES A

L'HYGIÈNE,

PAR

M. Emm. LE MAOUT,

Docteur en Médecine.

La Science est l'amie de tous.

PLATON.

TROISIÈME LEÇON.

CORPS SIMPLES NON MÉTALLIQUES,
AMMONIAQUE,
ACIDES CAUSTIQUES.

PARIS.

L. CURMER,

Rue de Richelieu, 47, AU PREMIER.

ASSOCIATION
POUR L'ÉDUCATION POPULAIRE.

L'Association pour l'éducation populaire, sur le rapport de son comité de rédaction, approuve l'impression de l'ouvrage intitulé **Leçons Élémentaires de Sciences Naturelles** appliquées a l'**Hygiène**, par M. Emm. LE MAOUT. Troisième leçon : *Corps simples non métalliques, Ammoniaque, Acides caustiques.*

Paris, le 1er Mars 1850.

Le Vice-Président,
D'ALBERT DE LUYNES.

Pour ampliation :

BLOCK,
Secrétaire général.

La **Bibliothèque L. Curmer** est destinée à enserrer dans un vaste réseau de publications *tout* ce qui touche à l'**Enseignement universel**, à l'**Enseignement moral** et à l'**Enseignement élémentaire**. Sous le premier titre, elle abordera toutes les questions qui dérivent de la Constitution ; sous le deuxième, elle comprendra une série d'histoires et de récits instructifs et amusants ; sous le troisième, elle donnera des notions de toutes les sciences.

Elle fait un appel à *l'intelligence*, en la conviant à répandre ses bienfaits sur tous ceux qui ont besoin d'apprendre; à la *richesse*, en l'engageant à populariser ces petits écrits et à les distribuer avec la profusion qu'ils méritent par leur but et leur importance; aux *travailleurs*, en leur offrant un moyen sûr et peu dispendieux d'acquérir sans peine toutes les connaissances qui forment l'homme et le citoyen.

Ces petites publications coûteront 10, 20, 30, 40 et 50 centimes, selon le nombre de feuilles de 32 pages, et celui des gravures qui serviront à l'explication du texte.

CORPS SIMPLES
NON MÉTALLIQUES,
AMMONIAQUE,
ACIDES CAUSTIQUES.

Nous avons étudié quelques *Corps simples*, qui sont les plus répandus dans la nature, mais il en est un grand nombre d'autres qu'il vous importe de connaître ; on en compte aujourd'hui 62, que l'on a divisés en deux grandes classes : ce sont 1° les corps simples *non métalliques* ; 2° les corps simples *métalliques*, ou *métaux*.

Les corps simples non métalliques dont l'étude entre dans le plan de nos leçons, sont l'*Oxygène*, l'*Hydrogène*, l'*Azote*, le *Carbone*, le *Phosphore*, le *Soufre*, le *Chlore*, l'*Iode*, le *Fluor*, le *Bore* et le *Silicium*. Les trois premiers de ces corps vous sont connus. Je vais vous présenter l'histoire succincte des autres, en commençant par le *Carbone*, qui est, comme vous le savez, l'élément principal du charbon, et qui, à l'état pur, constitue deux corps très dissemblables en apparence : la *Plombagine* et le *Diamant*.

Plombagine. — La *Plombagine* se présente sous la forme de petites paillettes très minces, d'un gris noirâtre, avec l'éclat métallique ; ces paillettes sont agrégées les unes aux autres en masses brillantes, à surface lisse et onctueuse, qui se laissent facilement entamer par le couteau, et tachent en gris plombé le papier ou les doigts. On désigne aussi cette substance sous les noms de *graphite*, de *crayon noir*, de *mine de plomb*. Ce dernier nom est impropre : la Plombagine ne contient pas de plomb, elle en offre seulement l'aspect ; on la considéra longtemps comme un *Carbure de Fer*; cette erreur provient de ce qu'elle est altérée quelquefois par des terres qui contiennent du Fer.

La Plombagine est employée à plusieurs usages ; on en fait avec de l'huile une peinture, qui s'applique sur les meubles en Fer, et les préserve de la rouille ; elle forme avec la graisse une pâte qui adoucit les frottements des essieux de voitures et des machines ; réduite en poudre fine, elle peut être substituée à l'huile que l'on applique sur les pièces d'horlogerie, et qui en s'épaississant, dérange les rouages les mieux disposés. Enfin la Plombagine sert à faire des crayons; on la scie en petites baguettes que l'on enchâsse dans du bois. Les *Crayons-Conté* sont préparés avec un mélange de Plombagine et d'Argile, pulvérisés et convertis en pâte. On fend en long de petits cylindres de bois de cèdre; on pratique au milieu de la face interne un petit sillon carré, de même calibre que le crayon, on y colle le crayon, et l'on juxtapose ensuite les deux demi-cylindres.

DIAMANT. — Le Diamant est un minéral vitreux, cristallisé, à éclat très vif, un peu gras, à faces ordinairement un peu bombées, décomposant la lumière, et la faisant jaillir, surtout celle des bougies, en faisceaux de mille couleurs. Le Diamant possède, surtout lorsqu'il est récemment taillé, la propriété de rester lumineux lorsqu'on l'a exposé aux rayons du soleil, de sorte qu'il resplendit dans l'obscurité : cette phosphorescence diminue et se détruit avec le temps.

Le Diamant raie tous les corps, et n'est rayé par aucun ; mais sa *dureté* ne l'empêche pas d'être *fragile;* il se brise (se clive) facilement dans le sens d'un *octaèdre* régulier, c'est-à-dire d'un cristal à huit faces égales.

Le Diamant étant infusible au feu le plus violent, on a cru longtemps qu'il était

incombustible, et cette opinion a soulevé
autrefois de vifs débats entre les lapidaires
et les chimistes. Dès la fin du XVIIe siècle,
le grand-duc de Toscane avait soumis des
diamants à la chaleur d'un verre ardent,
et les diamants avaient disparu sans laisser
aucune trace ; dans le XVIIIe siècle, Darcet
et Lauraguais brûlèrent des diamants dans
des boules de pâte de porcelaine. Ces
expériences firent grand bruit ; mais les
joailliers et les lapidaires restèrent incré-
dules, ils se refusèrent à admettre une propriété qui pouvait déprécier la valeur du
Diamant. Ils avaient l'habitude de soumettre
à un feu très fort les diamants qui présen-
taient quelques taches, et l'action du feu
faisait disparaître ou diminuait ces défauts.
Ce qui préservait le diamant de la combustion, était la précaution que prenaient
les lapidaires, de l'entourer hermétiquement
d'une pâte de charbon pilé ; en effet, l'Oxygène de l'air s'unissait de préférence au charbon, qui, par son état de division, était plus
combustible, et le Diamant restait intact.

Les chimistes affirmaient que le Diamant
serait consumé toutes les fois qu'il serait en
contact avec l'Air. Les lapidaires soutinrent
que le Diamant, protégé ou non par une en-
veloppe de charbon, resterait incombustible ;

et se croyant sûrs du succès, ils fournirent eux-mêmes les diamants qui devaient servir à l'expérience : on en plaça à plusieurs reprises dans des creusets, qui furent chauffés avec vigueur. Les diamants restèrent long-temps rouges, puis ils disparurent ; et les lapidaires ne rapportèrent chez eux que la copie du procès-verbal de l'opération.

Depuis la découverte de l'Oxygène, il est facile de brûler le Diamant : on le chauffe d'abord à l'air libre, et quand il est bien incandescent, on le plonge dans de l'Oxygène ; il brûle, jusqu'à ce qu'il soit entièrement consumé. Le flacon ne contient plus alors que de l'Acide carbonique, ce qu'il est facile de constater au moyen de l'eau contenant de la Chaux pure en dissolution ; cette Chaux se combine avec l'Acide carbonique, et il se précipite au fond de l'eau du Carbonate de Chaux, dont il est facile d'étudier les diverses propriétés ; nous y reviendrons.

Je vous ai dit que le Diamant est le plus dur de tous les corps : c'est cette dureté qui fait que, jusqu'à la fin du XV siècle, on a employé les diamants bruts ; les plus recherchés étaient ceux qui possédaient naturellement une forme pyramidale ; on les nommait *pointes naïves*, et on les montait de manière à ce qu'ils présentassent cette pointe en avant. Ce fut en 1476 qu'un jeune seigneur belge, nommé Louis de Berquem, découvrit par hasard l'art de tailler le Diamant; il s'aperçut que deux diamants, frottés l'un contre l'autre, s'usaient réciproquement, et se réduisaient en poussière; il comprit toute la portée de cette découverte, et confia son secret à un bijoutier de Bruges, avec lequel il s'associa : ce fut alors qu'on connut toute la beauté du Diamant. Cette nouvelle industrie demeura longtemps le monopole des lapidaires de Bruges, et quoique le secret de la taille du Diamant ait été divulgué depuis bien des années, les diamants taillés à Bruges sont encore en réputation.

Les deux seules formes conservées aujourd'hui par les lapidaires, sont la taille en *rose* pour les pierres plates, et la taille en *brillant* pour les pierres épaisses. Celles-ci sont ordinairement montées *à jour*.

Le prix du Diamant est toujours très élevé ; les pierres brutes défectueuses, reconnues pour ne pas pouvoir être taillées, se vendent de 30 à 36 francs le karat, (qui équivaut au poids de 4 grains); c'est 45 fois la valeur de l'or. On les emploie, soit pour faire la poudre de diamant ou *égrisée*, qui sert à tailler, et polir le Diamant, soit pour garnir

les outils avec lesquels on grave les pierres
fines, soit enfin, pour couper le verre.

Les petits diamants bruts, propres à la
taille, qui ne pèsent pas plus d'un karat, se
vendent en lots, 48 francs le karat ; mais
s'ils sont au-dessus d'un karat, leur prix
augmente, et on l'évalue suivant le carré de
leur poids. Ainsi un diamant de 2 karats,
est estimé comme s'il en pesait 4 ; de 3 karats, comme s'il en pesait 9, etc.

Le Diamant *taillé* est d'un prix bien plus
élevé, d'abord en raison du travail de l'ou-
vrier, et surtout à cause de la qualité, qu'on
ne pouvait apprécier que par conjecture
dans la pierre brute. Ainsi les diamants,
très petits, *en rose*, de 40 au karat, valent
80 francs le karat ; plus gros, ils valent
125 francs. Le Diamant taillé en *brillant*,
de 1 à 3 grains, vaut 192 francs le karat ;
entre 3 et 4 grains, il se vend 216 francs le
karat ; un brillant pesant un karat se vend
de 216 à 288 francs.

Le Diamant taillé, au-dessus d'un karat,
est estimé par le carré de son poids multiplié par 192 ; ainsi un brillant de 2 karats
est payé en raison de 192 francs le karat,
et comme s'il en pesait 4. Mais souvent le
caprice de l'acheteur ou la beauté particu-
lière de *l'eau* du Diamant, et surtout son

volume, font varier cette estimation : ainsi un *brillant* de 49 karats, qui fut vendu à Méhémet Pacha, vice-roi d'Égypte, aurait dû coûter le prix de 49 fois 49, c'est-à-dire 2401 multiplié par 192 francs, ce qui aurait fait une somme de 460,992 francs, cependant cette pierre a été payée 760,000 fr.

Je dois mentionner quelques diamants historiques ; le plus gros diamant connu est celui du Rajah de Mattan, à Bornéo, il pèse 300 karats (plus de 2 onces). Celui de l'Empereur du Mogol était de 279 karats, et avait été évalué par Tavernier à onze millions 723,000 fr. ; il le compare à un œuf de poule, coupé par le milieu. Le Diamant de la couronne impériale de Russie pèse 193 karats ; il est de la grosseur d'un œuf de pigeon, et sa forme est défectueuse. Ce diamant, nommé la *Lune de Montagne*, avait orné le trône du Shah de Perse ; ce prince fut assassiné par des soldats, qui pillèrent les joyaux de la couronne, et les vendirent clandestinement. La *Lune de Montagne* tomba entre les mains d'un chef Awganien : celui-ci alla à Bassora, se présenta chez un négociant, nommé Schafrass, demanda à lui parler en secret et dans un lieu sûr ; et, après lui avoir montré avec les plus grandes précautions son précieux butin,

il le lui proposa pour un prix très modéré;
Schafrass accepta la proposition, mais il
demanda un délai de quelques jours pour
consulter ses frères, et réunir les fonds néces-
saires. Le chef Awganien, qui avait d'abord
consenti, eut peur d'un piège, et s'échappa
furtivement de Bassora; quelque temps
après, le hasard réunit encore une fois le
négociant de Bassora et l'Awganien, cette
fois le marché fut conclu, et le diamant fut
vendu 50 mille piastres. Mais le nouveau
propriétaire devint craintif à son tour, il
fallait vendre avec profit et sans danger. Il
garda douze ans le plus profond silence
sur son acquisition. Enfin, il envoya un de
ses frères en Europe; celui-ci se rendit à
Amsterdam, et entama des négociations avec
l'Angleterre et la Russie. L'Angleterre re-
fusa, la Russie acheta la *Lune de Montagne* au prix de 2 millions 160,000 francs,
d'une rente viagère de 96,000 francs, et de
lettres de noblesse héréditaire.

Suivant une autre tradition, le diamant de la couronne de Russie formait
jadis un des yeux de l'idole de Sheringan
dans le temple de Brama. Un soldat français
de la compagnie des Indes, trouva moyen
d'*éborgner* l'idole, et se sauva à Madras, où
il vendit son diamant 50,000 francs à un

capitaine de vaisseau, qui le vendit 300,000 francs à un juif, qui le vendit à un grec, qui le vendit à l'impératrice Catherine.

Ces trois diamants sont de mauvaise forme, et le cèdent de beaucoup pour les perfections, sinon pour le poids, aux deux principaux diamants de la couronne de France, devenus aujourd'hui *propriété nationale :* l'un est connu sous le nom de *Pitte* ou de *Régent ;* il fut acheté, pendant la minorité de Louis XV, par le régent de France, à un Anglais nommé Pitte, et fut payé 2 millions et demi, les connaisseurs l'estiment à 5 millions. Il pesait 410 karats avant d'être taillé ; mais il a été réduit de beaucoup ; sa forme est en brillant ; elle a coûté deux années de travail. L'autre diamant célèbre de la couronne de France est le *Sancy*, du

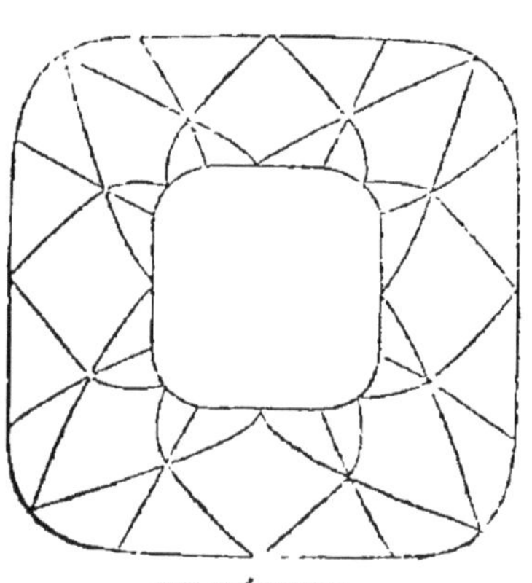

LE RÉGENT.

LE SANCY.

poids de 55 karats. Les *Douze Mazarins*

qui font partie aussi des pierreries de la couronne, sont les premiers diamants qui aient été taillés en *brillant*.

Les diamants ne sont pas tous incolores, il y en a même qui sont noirs et complétement opaques, d'autres offrent des teintes roses, ouvertes, ou bleues; si ces teintes sont vives, le diamant ne perd rien de sa valeur.

Depuis qu'il est démontré que le Diamant est du Carbone cristallisé, bien des gens ont essayé d'opérer la cristallisation artificielle du Carbone. On a d'abord voulu le faire cristalliser par la chaleur, mais le Carbone est complétement infusible aux plus hautes températures qu'on puisse produire dans des fourneaux. On a cherché un dissolvant, pour obtenir ensuite le carbone par évaporation; mais on n'a pas trouvé de liquide capable de dissoudre le Diamant. Si l'on soumet le Diamant à la chaleur développée par une forte *pile*, il devient éblouissant, se boursouffle et se désagrège; après le refroidissement, la matière est devenue d'un gris métallique friable, et analogue au *coke* provenant de la calcination des houilles. On en a conclu que la formation du Diamant n'a pas eu lieu à une haute température.

On imite le Diamant avec des verres, chargés d'Oxyde de Plomb, qu'on nomme

strass : ces cristaux reproduisent parfaite-
ment l'éclat gras du diamant, mais le strass
est beaucoup plus lourd, et si peu dur, que
le frottement d'un linge rude peut le rayer.

Le Diamant se trouve dans un petit nombre de localités, aux Indes, dans le royaume
de Golconde, au Bengale, à l'île de Bornéo ;
on l'a trouvé au Brésil au commencement du
XVIII⁰ siècle, et en 1824, en Sibérie. On ne
le rencontre que dans des dépôts de terrains
transportés par les eaux et dont la formation
paraît assez moderne : ces terrains sont for-
més de cailloux roulés, liés entre eux par
une matière argileuse et sableuse, et par-
tout ils sont à découvert. Les diamants y
sont disséminés, et presque toujours enve-
loppés d'une croûte terreuse.

Au Brésil, le gouvernement s'est réservé
la recherche du Diamant ; il emploie, à ce
travail, des nègres ; ceux-ci font le lavage
et le triage des matières sous la surveillance
de contre-maîtres, qui ne perdent pas de vue
un seul de leurs mouvements ; quand un
esclave a trouvé un diamant, il frappe des
mains, et va remettre le diamant à un inspecteur, qui le place dans une gamelle sus-
pendue au milieu de l'atelier. Si le diamant
pèse 17 karats et demi, l'esclave est mis so-
lennellement en liberté.

— 15 —

Phosphore. — Je vous ai déjà parlé du Phosphore comme d'un corps très avide d'Oxygène : ce corps ne se rencontre pas pur dans la nature ; il est toujours à l'état de combinaison : uni à l'Oxygène et à la Chaux, il forme le *Phosphate de Chaux*, qui existe dans les substances alimentaires, et constitue la partie pierreuse des os des animaux. C'est de ces os qu'on le retire à l'état de pureté. Il est alors incolore, demi-transparent ; son affinité pour l'Oxygène est telle, qu'on ne peut le conserver que dans l'Eau : exposé à l'air, il subit une combustion lente, même à la température ordinaire ; il est toujours enveloppé d'une légère fumée qui se renouvelle incessamment ; cette fumée est lumineuse dans l'obscurité : de là le nom de *Phosphore*, dérivé du grec, et signifiant *porte-lumière*.

Soufre. — Vous avez vu le Soufre brûler dans l'Air et l'Oxygène avec une belle flamme bleue. Le Soufre est un corps simple, jaune, cristallisant en octaèdres. Si on le fait fondre à l'abri de l'air, et qu'on le reçoive dans l'Eau, il forme une masse molle comme de la cire, que les graveurs emploient pour prendre des empreintes.

Le Soufre se trouve abondamment dans la nature, tantôt isolé, tantôt en combinaison avec des métaux, et formant avec eux des *Sulfures* et des *Sulfates*.

Le Soufre existe à l'état natif dans les contrées volcaniques ; il imprègne les cendres qui ferment certains cratères éteints, nommés *solfatares*. Il abonde surtout en Sicile, au milieu des couches de gypse et de craie. Ce Soufre, mélangé de matières terreuses, est facilement purifié : on le met en fusion dans une chaudière, dont l'orifice communique avec une chambre en maçonnerie ; le Soufre, fondu, se volatilise ; la vapeur du Soufre, arrivée contre les parois froides de la chambre, se condense sous forme d'une poussière très fine : c'est ce qu'on nomme *fleur de Soufre* ou *Soufre sublimé*. Vous concevez que si la chambre contenait de l'air, l'Oxygène formerait avec le soufre du *gaz Acide sulfureux*, ce qui nuirait à l'opération : aussi a-t-on soin préalablement de chauffer l'air contenu dans la chambre ; il suffit pour cela de l'action de la chaleur ; l'air échauffé s'échappe par des soupapes, qui s'ouvrent en dehors, et qui permettant à l'air du dedans de sortir, empêchent l'air extérieur d'entrer.

Pour avoir du *Soufre en canon*, on opère dans une petite chambre, dont les parois ne tardent pas à s'échauffer : le Soufre alors ne peut plus se condenser à l'état solide, il se liquéfie, et se réunit sur le sol de la chambre; on pratique une petite rigole, par laquelle il coule dans des moules en bois, où il prend la forme de bâtons coniques. En se refroidissant dans les moules, il se cristallise de la circonférence vers le centre, et il éprouve en même temps un retrait, qui se manifeste par l'espèce de cavité, remplie d'aiguilles confuses, qu'on observe toujours au gros bout du canon.

Vous connaissez l'usage du Soufre dans la fabrication des allumettes ; il entre aussi dans la fabrication de la poudre à canon. On l'emploie encore pour former par la combustion le gaz Acide sulfureux dont on se sert pour le blanchiment des tissus, et surtout de la soie, sur lesquels il agit en détruisant le principe colorant. Enfin, il est très usité en médecine, soit à l'intérieur, soit à l'extérieur, pour la guérison des maladies de la peau.

Chlore. — Le *Chlore*, dont je ne vous ai pas encore parlé, est un corps simple, qui n'est pur qu'à l'état de gaz ; ce gaz est d'une couleur jaune verdâtre, qui lui a valu son nom; d'odeur suffocante, et d'une saveur désagréable prenant à la gorge; il éteint les chandelles, après avoir donné à la flamme un aspect, pâle d'abord, ensuite rouge.

Le Chlore offre avec l'Hydrogène une grande affinité, et il forme avec lui un acide gazeux nommé *Acide chlorhydrique*. En outre, le Chlore forme, avec l'Oxygène, un acide particulier, l'*Acide chlorique*, mais cet Acide perd facilement son Oxygène.

L'eau peut dissoudre deux fois son volume de Chlore. Le Chlore est employé dans les arts pour le *blanchiment* des étoffes de lin et de coton, et en général pour détruire les couleurs d'origine végétale ; on se sert, pour cet objet, de l'eau *chlorée*, ou du gaz lui-même. Les matières colorantes végétales sont principalement composées de Carbone, d'Oxygène et d'Hydrogène ; le Chlore agit énergiquement sur ces matières ; il les décompose en s'emparant de leur Hydrogène, pour former de l'Acide chlorhydrique ; la matière colorante une fois décomposée, le tissu se décolore, c'est-à-dire qu'il blanchit, mais le tissu lui-même peut être altéré, si l'action du Chlore est prolongée.

L'eau de Javelle, si usitée à Paris, est une eau chargée de Chlore, et contenant en outre de la Potasse. Le Chlore blanchit le tissu, et la Potasse le dégraisse.

Le Chlore est également employé pour détruire les miasmes putrides qui se dégagent des matières végétales ou animales en décomposition. Le Chlore détruit ces miasmes, en s'emparant de leur Hydrogène.

Iode.— L'*Iode* est un corps simple, découvert, il y a quarante ans, par un salpétrier de Paris, dans la lessive des cendres de varechs. Il s'offre sous la forme de paillettes ou d'écailles d'un noir bleuâtre et d'aspect métallique; son odeur est forte, et sa saveur est très âcre; il tache la peau en jaune foncé, mais cette tache s'évapore bientôt. Si l'on chauffe l'Iode, il se réduit promptement en vapeur d'un violet magnifique, qui lui a valu son nom.

L'Iode possède une propriété remarquable: c'est celle de colorer en violet l'amidon ou fécule, et toutes les substances qui en contiennent. On peut donc, au moyen de l'Iode, déceler la fécule dans les plantes, et découvrir ainsi de nouvelles espèces alimentaires; de même qu'on peut reconnaître la falsification du sucre ou de la gomme par la fécule. Il suffit d'un $550,000^{me}$ d'Iode, dissous dans l'eau, pour y développer la couleur bleue par l'eau d'amidon.

L'Iode est surtout employé en médecine, comme fondant énergique pour dissoudre certaines tumeurs, et notamment les *goîtres*, dont nous parlerons bientôt ; mais il doit être manié par des mains prudentes, parce que son action, se portant sur les glandes, pourrait les dissoudre et produire des désordres très graves. Enfin l'Iode est mis en usage dans les opérations du Daguerréotype, comme vous le verrez bientôt.

Fluor. — Le *Fluor* est un corps simple, dont jusqu'à présent on n'a pu étudier les propriétés, parce qu'il attaque toutes les substances avec lesquelles on fabrique des vases, tous les métaux, et même le verre. Il forme, avec l'Hydrogène, un acide nommé *Acide fluorhydrique*, que je vous ferai connaître.

Bore. — Le *Bore* est un corps simple, solide, pulvérulent, friable, insipide, brun-verdâtre, qui, de même que le Chlore, l'Iode et le Fluor, ne se rencontre jamais pur dans la nature ; combiné avec l'Oxygène, il forme l'*Acide borique*, dont nous parlerons bientôt.

Silicium. — Le *Silicium* est un corps simple, solide, pulvérulent, brun, qui abonde dans la nature, mais jamais à l'état de pureté ; combiné avec l'Oxygène, il forme l'Acide silicique ou *Silice*.

COMPOSÉS BINAIRES NON MÉTALLIQUES.

Nous avons passé rapidement en revue les corps simples non métalliques qu'il vous est utile de connaître ; nous allons maintenant étudier ces divers corps, combinés deux à deux, et formant ce qu'on nomme des *composés binaires*. Je vous ai parlé de l'Eau et de l'Acide carbonique; ce sont des composés binaires; le gaz Acide sulfureux, l'Acide phosphorique, qui se forment dans la combustion du soufre et du phosphore, sont aussi des corps binaires. Parmi ces composés, dont le nombre est considérable, nous étudierons seulement les suivants : *Oxyde de Carbone, Acide sulfurique, Acide azotique, Acide chlorhydrique, Acide sulfhydrique, Acide fluorhydrique, Acide borique, Acide silicique, Carbure d'Hydrogène, Phosphure d'Hydrogène.*

Oxyde de Carbone.—Ce gaz est celui qui brûle avec une flamme bleue au sommet des fourneaux remplis de charbons allumés; les charbons occupant la partie inférieure du fourneau reçoivent de l'Oxygène par la grille, et brûlent à l'état d'Acide carbonique, lequel montant vers les charbons supérieurs leur cède une portion de son Oxygène, et devient Oxyde de Carbone; ce dernier arrivant de nouveau en contact avec l'air au-dessus du fourneau, reprend de l'Oxygène, et s'enflamme, en reformant de l'Acide carbonique.

Ce gaz, loin d'être respirable, est très vénéneux; c'est lui qui cause le malaise et les douleurs de tête que l'on éprouve dans les chambres closes où brûle du charbon.

AMMONIAQUE. — L'Hydrogène et l'Azote forment une combinaison gazeuse, connue sous le nom d'*Ammoniaque*, ou *Azoture d'Hydrogène* ; ce gaz est incolore, d'une odeur vive et piquante qui provoque le larmoiement, d'une saveur âcre et caustique, mais non aigre. L'Ammoniaque est très soluble dans l'Eau, qui peut en dissoudre 430 fois son volume : c'est à cette Eau chargée de gaz ammoniac, que l'on donne le nom d'*Alkali volatil*, ou *Ammoniaque liquide*.

L'Ammoniaque, libre, ou dissoute dans l'eau, verdit les couleurs bleues végétales ; et ramène au bleu celles qui ont été rougies par un acide ; elle peut se combiner avec la plupart des Acides, et former avec eux des Sels. Tel est, par exemple, le *Sel ammoniac*, qui est un *Chlorhydrate*, et dont je vais vous parler tout à l'heure.

L'Ammoniaque existe dans la nature à l'état pur et à l'état de combinaison : l'Air atmosphérique en contient environ un *demimilliéme*, mais cette proportion, qui paraît minime, constitue un total énorme dans la masse de l'atmosphère.

L'Ammoniaque se forme aussi dans la dé-

composition des matières animales et végétales qui contiennent de l'Azote : c'est ce
qu'on observe dans les excréments d'animaux et dans certains végétaux, tels que le
Chou, par exemple : de là, l'odeur fétide
de l'eau qui a bouilli sur les choux-fleurs.

Je vous ai dit que l'Ammoniaque provoque
le larmoiement ; c'est aussi à l'irritation que
ce gaz produit sur les membranes de l'œil,
qu'il faut attribuer les ophthalmies des vi-
dangeurs.

L'Ammoniaque liquide est éminemment
caustique : c'est ce qui la rend précieuse en
médecine pour produire sur la peau des
vésications promptes : elle jouit aussi de la
propriété de neutraliser le venin des insectes
et des serpents ; on lave avec de l'Ammoniaque la blessure faite par ces animaux,
et, si cette blessure est récente, la guérison
est assurée.

L'odeur piquante de l'Ammoniaque est
journellement utilisée pour rappeler à la vie
les personnes tombées en syncope : mais il
ne faut pas prolonger l'action du gaz, qui
ne tarderait pas à suffoquer le malade.

L'Ammoniaque peut être administrée à
l'intérieur à très petite dose ; elle produit
des effets remarquables ; comme il ne s'agit
pas ici d'un cours de Médecine, je ne m'é-

tendrai pas sur les propriétés curatives de l'Ammoniaque, je n'en citerai que deux, que l'on peut mettre en usage sans être médecin.

Quand les chevaux et les bœufs se sont repus trop abondamment de fourrages verts, il se forme dans leur estomac des gaz acides, qui les gonflent au point de causer la mort : il suffit de quelques grammes d'Ammoniaque pour absorber les gaz acides, et dissiper cette *météorisation*.

La seconde propriété, qui concerne spécialement l'espèce humaine, est celle de dissiper rapidement les effets de l'ivresse : il suffit pour cela de boire un verre d'eau dans lequel on a versé 8 à 10 gouttes d'Ammoniaque liquide.

Sel Ammoniac.— *Ammoniac*, vient d'un mot grec *ammos*, qui signifie *sable*: c'est en effet des pays sablonneux de la Lybie et de l'Egypte (où se trouvait le temple de Jupiter *Ammon*) que nous est venu primitivement le *Sel Ammoniac*; il existe dans les excréments des animaux qui mangent des plantes salées. Les habitants de l'Afrique brûlent comme combustible la fiente des chameaux; le Sel Ammoniac qui est composé d'un acide et d'une base volatils, se dégage à l'état de gaz, et se condense avec la suie dans les cheminées ; on chauffe la suie dans des matras de verre, le sel se volatilise.

Le Sel Ammoniac se forme journellement dans le voisinage des volcans ; mais la plus grande partie du Sel que nous employons est fabriquée artificiellement en Europe ; on distille des matières animales, la liqueur ammoniacale est traitée avec du sel marin (chlorure de sodium) et il se forme du *Chlorhydrate d'ammoniaque.*

Ce sel est employé dans la médecine, dans la teinture, pour le *décapage* des métaux et surtout du cuivre que l'on veut étamer. C'est de ce sel qu'on extrait en grand le gaz *ammoniac.* Je vous expliquerai cette opération lorsque nous ferons l'histoire de la *Chaux.*

Acide Sulfurique. — Je vous ai déjà parlé des *Acides;* vous savez que ce sont des corps solides, ou liquides, ou gazeux, de saveur aigre, résultant, pour la plupart, de la combinaison de l'Oxygène avec un autre corps. Ces Acides ont la propriété de rougir ou de jaunir les couleurs bleues végétales, et de former avec des *bases* des composés nouveaux, nommés *sels.*

L'*Acide sulfurique* est un liquide plus lourd que l'eau, inodore, incolore quand il est tenu à l'abri de l'air, et noirâtre quand les poussières végétales ou animales flottant dans l'atmosphère sont venues le colorer; sa consistance oléagineuse lui a fait donner le nom vulgaire d'*huile de vitriol;* et ce nom absurde a causé bien des méprises, dont la moins tragique est celle-ci : Un voiturier transportant de l'Acide sulfurique, une des bouteilles se cassa, et la liqueur se répandit sur le pavé; les passants, attirés par cet accident, entendirent le voiturier déplorer la perte de son *huile de vitriol,* quelques-uns d'entre eux s'avisèrent de profiter de cette bonne aubaine pour *graisser* leurs souliers, ils trempèrent leurs doigts dans la liqueur perfide, et en imbibèrent leur chaussure. Mais tout aussitôt les doigts et les souliers furent brûlés.

L'Acide sulfurique rougit fortement les couleurs bleues végétales; il possède une grande énergie de combinaison, et décompose la plupart des sels, en chassant leur Acide, et s'emparant de leur base pour former un Sulfate. Il est très avide d'eau, et absorbe rapidement la vapeur humide contenue dans l'air; son affinité pour l'eau est telle, qu'il détermine souvent la formation de l'eau dans les substances organiques, aux dépens de l'Oxygène et de l'Hydrogène qu'elles contiennent. C'est de cette manière qu'il charbonne les bouchons de *liège* avec lesquels on bouche les vases qui le renferment : le liège, comme la plupart des substances végétales, est un composé de Carbone, d'Oxygène et d'Hydrogène : sous l'influence de l'Acide sulfurique, une partie de l'Hydrogène et une partie de l'Oxygène se combinent pour former de l'Eau, qui s'unit à l'Acide sulfurique; le Carbone forme avec le reste de l'Hydrogène et de l'Oxygène une substance d'un brun noir, qui donne au bouchon le même aspect que s'il avait été charbonné par le feu.

Une substance organique quelconque, mise en contact avec l'Acide sulfurique, éprouve le même sort : vous en conclurez que si cet Acide agissait sur nos organes, il les charbonnerait, et les détruirait : c'est en effet ce qui arrive trop souvent : l'Acide sulfurique étant très fréquemment employé dans les arts pour la fabrication de l'Alun, du Chlore, du Sucre de fécule, et pour la dissolution de l'Indigo et le nettoiement ou *décapage* des métaux, sa ressemblance avec du vin, ou du sirop, ou de l'huile, peut donner lieu à des erreurs funestes.

L'Acide sulfurique n'existe guère dans la nature qu'à l'état de *Sulfate;* on le rencontre rarement à l'état pur. Il distille des voûtes de quelques grottes, ou se trouve mêlé aux eaux de quelques sources.

Il y a dans l'Amérique méridionale une rivière qui prend naissance au sommet du volcan de Puracé, et dont l'eau contient un millième de son poids d'Acide sulfurique. Les Indiens l'appellent *Rio vinagre*.

On obtenait autrefois artificiellement de l'Acide sulfurique en distillant du *Sulfate de fer*, ou vitriol, dans des cornues de grès. Aujourd'hui on le prépare en brûlant ensemble du Soufre et du Sel de Nitre ; le Soufre forme de l'Acide sulfureux, et l'Acide du Nitre cède à cet Acide sulfureux de l'Oxygène qui le charge en Acide sulfurique.

ACIDE AZOTIQUE. — L'Acide *azotique*, nommé aussi *acide nitrique*, était connu anciennement sous le nom d'*Eau forte* : c'est un liquide très caustique, qui a une affinité marquée pour l'Eau, et s'y unit avec chaleur. Il détruit la plupart des substances animales et végétales, il colore la peau en jaune, et la décompose rapidement, de là son usage pour enlever les verrues. L'Acide azotique se combine avec les métaux ; il leur cède une portion de son Oxygène, et l'Oxyde métallique, une fois formé, s'unit avec l'Acide azotique non décomposé : c'est sur cette propriété de l'Acide azotique qu'est fondée la *gravure à l'Eau forte*. — On couvre la planche de cuivre d'une couche de cire ; avec une pointe, on trace des figures sur cette cire, puis on verse dessus de l'Acide azotique affaibli ; celui-ci est sans action sur la cire, mais il mord peu à peu dans les parties métalliques mises à nu par le poinçon.

On prépare l'Acide azotique, en versant de l'Acide sulfurique sur du Nitre ou Azotate de Potasse; l'Acide sulfurique chasse l'Acide azotique pour s'emparer de la Potasse.

Acide chlorhydrique.—Cet Acide, nommé aussi *Esprit de sel*, est une exception à la règle de Lavoisier, qui établit que l'Oxygène est exclusivement doué de la propriété acidifiante ; l'Acide chlorhydrique est formé de Chlore et d'Hydrogène ; on l'obtient en versant de l'Acide sulfurique étendu d'eau sur du sel marin, qui est composé de Chlore et d'un métal nommé Sodium ; l'Eau unie à l'Acide sulfurique est décomposée; son Hydrogène se porte sur le Chlore, et forme avec lui un gaz acide, qui se dégage; l'Oxygène se porte sur le Sodium, et forme de l'Oxyde de Sodium ou Soude, lequel forme avec l'Acide sulfurique du *Sulfate de soude*. Le gaz Acide chlorhydrique est énormément avide d'eau : 500 litres de ce gaz peuvent se dissoudre dans un litre d'Eau.

Cet Acide a des usages nombreux dans les arts, et notamment dans la teinture. Il est très caustique et très vénéneux, comme l'Acide sulfurique et l'Acide azotique.

CONTREPOISON DES ACIDES CAUSTIQUES. — Lorsqu'il y a empoisonnement par l'un des Acides caustiques dont je viens de vous faire l'histoire, quel secours peut-on porter au malade, en attendant l'arrivée du médecin (car il n'en est pas de ces accidents comme des maladies ordinaires : d'un retard de quelques minutes dépend la vie d'un de nos semblables)? C'est à la chimie qu'il faut demander l'indication du remède.

Lorsqu'on a reconnu qu'il y a empoisonnement par un Acide caustique (et cette question est résolue par l'examen du vase qui contenait la liqueur, par le témoignage du malade, par la couleur charbonneuse ou jaune de ses lèvres et de sa langue, par ses vomissements de couleur foncée, et de saveur aigre, qui tachent en rouge ou en jaune les vêtements, et font bouillonner les carreaux blancs de l'appartement, ou les pierres des fenêtres, si ces pierres ou ces carreaux sont, comme à Paris, du Carbonate de Chaux), lorsque, dis-je, on a reconnu la présence d'un Acide caustique dans l'estomac, la première chose à faire, c'est de le *neutraliser* : pour cela, il faut lui offrir une *base* avec laquelle il puisse se combiner sur le champ, et former un *Sel* inoffensif.

Ces bases sont la *Chaux*, la *Potasse*, la *Soude*, la *Magnésie*. Mais employées à l'état de pureté, elles seraient elles-mêmes dangereuses, à cause de leur causticité : il faut donc les employer dans un état de combinaison tel, qu'elles ne puissent nuire, et qu'en même temps, elles puissent être rapidement décomposées. Pour cela, on les choisit à l'état de *Carbonate*.

On prend donc du Carbonate de Magnésie, que l'on délaie rapidement dans de l'eau, et on en fait boire au malade. Il faut quelquefois ouvrir la bouche de force, parce que les mâchoires sont serrées convulsivement : on y parvient avec le manche d'une cuiller, entouré d'un linge, qui tient les mâchoires séparées sans briser les dents. Alors, au moyen d'un entonnoir, on verse des torrents de cette eau dans l'estomac du malade : l'Acide caustique décompose à l'instant le Carbonate, s'empare de la Magnésie, et forme avec elle un Sel.

Si l'on n'a pas sous la main de Carbonate de Magnésie, on prend du *Blanc de Meudon*,

(Carbonate de Chaux) dont on fait un lait avec de l'eau. Si le Blanc de Meudon manque, on emploie l'eau de *savon*, qui contient de la Soude ; ou bien de l'eau dans laquelle on a lavé des cendres de bois, qui contiennent du Carbonate de Potasse.

Vous concevez que ces contrepoisons ne sont pas tous complétement inertes : ils peuvent déterminer quelques désordres dans les fonctions de l'estomac et des intestins ; leur action a pour conséquence des vomissements douloureux et des coliques violentes ; mais en pareil cas, il n'est pas permis de balancer : il faut choisir entre une mort certaine et quelques accidents inflammatoires, et c'est ici surtout que le précepte *de deux maux le moindre* doit avoir son application.

Imp. MAULDE et RENOU, rue Bailleul, 9 et 11. 3429

MEMBRES DE L'ASSOCIATION POUR L'ÉDUCATION POPULAIRE.

Président.   M. **Dufaure**, représentant du Peuple, ancien Ministre de l'Intérieur.
Vice-présidents.   **d'Albert de Luynes**, représ. du Peuple, membre de l'Institut.
 —   **Villermé**, membre de l'Institut.
 —   **Ch. Rémusat**, représentant du Peuple, membre de l'Institut.
 —   **Vivien**, conseiller d'État, membre de l'Institut.
Secrétaire génér.   **Block** (Maurice), membre corresp. de la Société nation. et centr. d'agriculture.
Vice-secrétaires.   **A. Legoyt**, ancien chef de bureau au ministère de l'Intérieur.
Trésorier.   **Lebeuf** (Louis), représ. du Peuple, banquier, régent de la Banque de France.
Agent général.   **L. Curmer.**

COMITÉS

d'Administration,	**d'Examen et de Rédaction,**	**de Propagande.**
Président. M. FRESLON, ancien représ. du Peuple, avocat général à la Cour de cassation, ancien ministre de l'Instruction publique.	M. l'abbé LE DREUILLE, aumônier du Val-de-Grâce.	M. ADAM (Edmond), ancien conseiller d'État, ancien secrétaire général de la préfecture de la Seine.
Vice-Présid. BAROCHE, représent. du Peuple, procureur général près la Cour d'appel de Paris.	HAURÉAU (Barth.), ancien représ. du Peuple, conservateur des manuscrits à la Biblioth. nationale.	SAINT-AMOUR, ancien représentant du Peuple.
Secrétaire. PAULMIER, représ. du Peuple.	LECHEVALIER (Victor), ancien officier supérieur d'artillerie.	CERFBERR DE MEDELSHEIM, ancien employé supérieur des prisons.
Vice-Secrét. E. JULIEN, chef de bureau au minist. de l'Agricult.	TRIANON, bibliothécaire de Sainte-Geneviève.	

M. ARMAND (Paul).
ARMAND de l'Ariége, représ. du P.
AUBRY (le docteur), inspecteur général de 1re classe des prisons.
AUBERT-HIX, professeur au lycée Descartes.
BARBIER (Auguste).
BAUCHART (Quentin), représ. du P.
BERGER, représentant du Peuple, préfet de la Seine.
De BERVANGER, supérieur-fondateur de l'œuvre de Saint-Nicolas.
De BEAUMONT (G.), représ. du P.
BLANCHE, conseiller de Préfecture de la Seine.
De BRETIGNÈRES DE COURTEILLES, fondateur de Mettray.
COQUEREL (A.), représent. du P.
De CORCELLES, représ. du Peuple.
COUSIN, membre de l'Institut.
DORÉ, fondateur de l'institution des cours gratuits pour les ouvriers du faubourg S.-Marceau.
DUVERGIER DE HAURANNE, ancien représentant du Peuple.

M. FELMANN, chef de bureau au ministère de la Guerre.
GILLON (P.), représ. du Peuple.
GRUN, rédacteur en Chef du *Moniteur.*
GUIBOUT (Léon), avocat à la Cour d'appel de Paris.
GUÉRIN-MÉNEVILLE, membre de la Société d'agriculture.
GUICHARD, ancien représ. du P.
JEANRON, directeur général des Musées nationaux.
JOMARD, membre de l'Institut.
LAFERRIÈRE, inspecteur général de l'ordre du Droit.
De LASTEYRIE (J.), représ. du P.
LECLERC (Louis).
LE MAOUT, prof. d'Hist. naturelle.
LUCAS, aide-naturaliste au Muséum d'Histoire naturelle.
MAGÉ (A.), professeur d'Hist. de la Faculté des Lettres de Grenoble.
De MELUN, représent. du Peuple.
MÉRIGOT-ROCHEFORT, avocat à la Cour d'appel de Paris.

M. MIMEREL (A.), président du Conseil général des manufactures.
MORICEAU, avocat à la Cour d'appel.
OUDINOT (le général), représentant du Peuple.
PEREIRE (Isaac), administrateur du chemin de fer du Nord.—
PILLET (Gustave), chef de division au minist. de l'instruct. publique.
SAINT-MARC GIRARDIN, membre de l'Institut.
SAY (Horace), conseiller d'État.
SEVIN, avocat général à la Cour de cassation.
SIBOUR (l'abbé), vicaire général du diocèse de Paris, archidiacre de Notre-Dame.
De TOCQUEVILLE (Alexis), représentant du Peuple.
TOURNEUX, chef de bureau au ministère des Travaux publics.
TROPLONG, premier président de la Cour d'appel de Paris.
De WATTEVILLE, inspecteur général des établissem. de bienfaisance.